BERICHTE ÜBER DIE VERHANDLUNGEN DER SÄCHSISCHEN
AKADEMIE DER WISSENSCHAFTEN ZU LEIPZIG

Mathematisch-naturwissenschaftliche Klasse
Band 104 · Heft 7

ARTHUR SIMON

GITTERAUFBAU UND KATALYSE BEI DER GASENTSCHWEFELUNG

AKADEMIE-VERLAG · BERLIN
1961

BERICHTE ÜBER DIE VERHANDLUNGEN DER SÄCHSISCHEN AKADEMIE DER WISSENSCHAFTEN ZU LEIPZIG

MATHEMATISCH-NATURWISSENSCHAFTLICHE KLASSE

Band 97

Heft 1 Prof. Dr. ERICH STRACK / Beobachtungen über den endogenen Anteil des Kot-Stickstoffs 24 Seiten – 8° – 1949 – DM 2,50 *(vergriffen)*

Heft 2 Prof. Dr. ERNST HÖLDER / Über die Variationsprinzipe der Mechanik der Kontinua 13 Seiten – 8° – 1950 – DM 2,75 *(vergriffen)*

Heft 3 Dr. H. GERSTNER / Dr. H. BAARK / Dr. H. GRAUL / Der Wechselstromwiderstand der Froschhaut 25 Seiten – 8° – 1950 – DM 2,75 *(vergriffen)*

Heft 4 Prof. Dr. HERBERT BECKERT / Existenz- und Eindeutigkeitsbeweise für das Differenzenverfahren zur Lösung des Anfangswertproblems, des gemischten Anfangs-Randwert- und des charakteristischen Problems einer hyperbolischen Differentialgleichung zweiter Ordnung mit zwei unabhängigen Variablen 42 Seiten – 8° – 1950 – DM 9,– *(vergriffen)*

Heft 5 Prof. Dr. HERBERT BECKERT / Über quasilineare hyperbolische Systeme partieller Differentialgleichungen erster Ordnung mit zwei unabhängigen Variablen. Das Anfangswertproblem, die gemischte Anfangs-Randwertaufgabe, das charakteristische Problem 68 Seiten – 8° – 1950 – DM 14,50 *(vergriffen)*

Heft 6 Prof. Dr.-Ing. ENNO HEIDEBROEK / Das Verhalten von zähen Flüssigkeiten, insbesondere Schmierflüssigkeiten, in engen Spalten Nachdruck – 40 Seiten – 24 Abbildungen – 8° – 1952 – DM 5,80 *(vergriffen)*

Heft 7 Prof. Dr. HANS SCHUBERT / Über eine lineare Integrodifferentialgleichung mit Zusatzkern 52 Seiten – 8° – 1950 – DM 9,25 *(vergriffen)*

Heft 8 Dipl.-Phys. HERMAR KRUPP / Bestimmung der allgemeinen Lösung der Schrödinger-Gleichung für Coulomb-Potential 28 Seiten – 8° – 1950 – DM 5,50 *(vergriffen)*

Band 98

Heft 1 Prof. Dr. WALTER SCHNEE / Über magische Quadrate und lineare Gitterpunktprobleme 48 Seiten – 8° – 1951 – DM 4,65 *(vergriffen)*

Heft 2 Prof. Dr.-Ing. ENNO HEIDEBROEK / Über die Beziehungen zwischen Schmierung und Verschleiß bei geschmierter Gleitreibung Nachdruck – 36 Seiten – 5 Abbildungen – 8° – 1954 – DM 2,75

Heft 3 Prof. Dr.-Ing. e. h. KARL KEGEL / Der Salzstock Mirowo bei Provadia in Bulgarien 26 Seiten – 9 Abbildungen – 8° – 1951 – DM 3,– *(vergriffen)*

Heft 4 Prof. Dr. HERBERT BECKERT / Prof. Dr. HANS SALIÉ / Bemerkungen über die Verbiegung hyperbolisch gekrümmter Flächenstücke / Über Abels Verallgemeinerung der binomischen Formel 22 Seiten – 2 Abbildungen – 8° – 1951 – DM 2,25 *(vergriffen)*

Heft 5 Prof. Dr. ERICH STRACK / Die Dauerinfusion als Verfahren zur Erforschung des Kohlenhydratstoffwechsels des Tierkörpers 20 Seiten – 8° – 1952 – DM 2,– *(vergriffen)*

Band 99

Heft 1 Prof. Dr. HEINRICH BRANDT / Über das quadratische Reziprozitätsgesetz 18 Seiten – 8° – 1951 – DM 1,90 *(vergriffen)*

Heft 2 Prof. Dr. GEORG SPACKELER / Der Gebirgsdruck und seine Beherrschung durch den Bergmann 36 Seiten – 12 Abbildungen – 8° – 1951 – DM 1,65 *(vergriffen)*

BERICHTE ÜBER DIE VERHANDLUNGEN DER SÄCHSISCHEN AKADEMIE DER WISSENSCHAFTEN ZU LEIPZIG

Mathematisch-naturwissenschaftliche Klasse
Band 104 · Heft 7

ARTHUR SIMON

GITTERAUFBAU UND KATALYSE BEI DER GASENTSCHWEFELUNG

Mit 12 Abbildungen

AKADEMIE-VERLAG · BERLIN
1961

Vorgetragen in der Sitzung vom 7. Dezember 1959
Manuskript eingeliefert am 23. Januar 1961
Druckfertig erklärt am 24. Juli 1961

Erschienen im Akademie-Verlag GmbH, Berlin W 8, Leipziger Straße 3–4

Lizenznummer: 202 · 100/723/61
Gesamtherstellung: VEB Druckhaus „Maxim Gorki", Altenburg
Bestellnummer: 2027/104/7
Preis: DM 2,10
Printed in Germany
ES 18 C 4/20 M 4

Den Untersuchungen, die die Zusammenhänge zwischen katalytischer Aktivität und den inneren Aufbau von Katalysatoren bei der trockenen Gasreinigung betreffen, soll eine kurze Vorbemerkung vorausgeschickt werden. Unsere Nutzgase, wie Leuchtgas, Kokerei- und andere Industriegase, enthalten von der Herstellung her Schwefelverbindungen, hauptsächlich als Schwefelwasserstoff und seinen Abkömmlingen. Diese müssen wegen ihrer schädlichen und giftigen Wirkung auf chemische Umsetzungen (Katalysatorengifte), ihrer Korrosionswirkung usw. entfernt werden. Die trockene Gasreinigung besteht nun darin, daß man die H_2S-haltigen Gase über auf Rosten ausgebreitetes Eisenhydroxyd leitet, wobei der gasförmige Schwefelwasserstoff als festes Schwefeleisen nach

$$2\,FeOOH + 3\,H_2S \rightleftharpoons 2\,FeS + S + 4\,H_2O$$

gebunden und aus dem Gas entfernt wird.

Nun ist aus der Praxis der trockenen Gasreinigung bekannt, daß die verschiedenen Reinigungsmassen unterschiedliche Wirksamkeit gegenüber H_2S-haltigem Gas zeigen. Insbesondere ist die „künstliche Lux- oder Lauta-Masse", wie sie bei der Aluminiumgewinnung als Nebenprodukt anfällt, in ihrem Reinigungseffekt dem natürlichen Raseneisenerz deutlich überlegen, während der nach dem Bayer-Autoklavenaufschluß des Bauxits anfallende Rotschlamm gegenüber H_2S völlig inaktiv ist. Für dieses unterschiedliche Verhalten konnte man bis heute keine befriedigende Erklärung geben und die bisherigen Ergebnisse sind recht widerspruchsvoll. Das veranlaßte uns, den Vorgang der trockenen Gasentschwefelung nicht nur als rein chemische

---

Bei dieser Arbeit haben mich Herr Oberassistent Dr. Lang und die Damen und Herren Marchand, Scheibitz, Schneider, Oehme, Petzold, Reichelt und Seidel maßgeblich unterstützt.

Reaktion, sondern auch vom Standpunkt der heterogenen Katalyse aus zu betrachten. Diese Auffassung ist deshalb naheliegend, weil es sich bei der Umsetzung von Eisenhydroxyd mit Schwefelwasserstoff zumindest zu Beginn um eine Grenzflächenreaktion handelt, d. h. um eine Reaktion, die durch den jeweiligen Zustand der Oberfläche beeinflußt wird. Wir haben deshalb die von Raney bisher nur für Metalle angewandte Herstellung von Katalysatoren mit hochaktiven Oberflächen auf nichtmetallische Systeme übertragen. Raney hat nämlich ein Verfahren angegeben, durch das man die Oberfläche metallischer Phasen vergrößern und mit vielen Stellen unvollständiger Nachbarschaftsabsättigung, also hoher freier Energie, versehen kann. Er erzielte diesen Effekt dadurch, daß er aus Metallmischkristallen (z. B. Al–Ni) eine der beiden Komponenten (Al) so herauslöste, daß ein sehr zerklüftetes Skelett des zweiten Metalles (Ni) mit besonders guten katalytischen Eigenschaften bestehen blieb. Wir waren der Ansicht, daß eine günstige Beeinflussung der katalytischen Wirksamkeit auch dann gelingen müßte, wenn man nicht von Legierungen, sondern von Mischkristallen oxydischer Zusammensetzung ausgeht. Voraussetzung hierfür ist natürlich, daß der Katalysator eine homogene Phase mit den Zusatzkomponenten bilden kann. Für die Herstellung von Eisenoxyd-„Skelett“-Kontakten wählten wir für unsere Mischkristalle das System $Na_2O-Fe_2O_3-Al_2O_3$, das auch beim halbtrockenen Bauxit-Aufschluß bei der Bildung der Lux-Masse eine Rolle spielt. Durch Hydrolyse der Mischkristalle gehen die Zusatzkomponenten Natriumoxyd und Aluminiumoxyd als Aluminat in Lösung. Dieser Vorgang, d. h. die Mischkristallbildung und das anschließende Herauslösen der Überschußkomponenten, stellt aber genau die Reaktionsfolge dar, wie sie im großtechnischen Maßstab beim halbtrockenen Bauxitaufschluß abläuft, wobei als Abfallprodukt die Lux- oder Lauta-Masse gewonnen wird.

Die Verhältnisse bei der Herstellung der Lux-Masse sind also jenen Verfahrensweisen analog, die der Herstellung von Raney-Kontakten entsprechen. Es besteht daher die Möglichkeit, die hohe Aktivität der Lux-Masse als Folge der durch die „Skelett“struktur bedingten Aktivierung aufzufassen. Man erhält so eine viel einfachere und zwanglosere Erklärung für die unterschiedliche Wirksamkeit künstlicher und natürlicher Massen. Damit ist aber auch erklärt, warum der nach dem Autoklaven(Bayer-)Verfahren beim Bauxit-Aufschluß anfallende Rotschlamm gegenüber H_2S inaktiv ist. Beim Druckaufschluß kann nämlich keine Mischkristallbildung stattfinden, da hier die Zwischenphase mit im Überschuß angewandten Zusatzmaterial fehlt. Die experimentelle Bestätigung dieser Ansichten lieferten Absorptionskurven, die nach der dynamischen Methode von diesen Substanzen erhalten wurden.

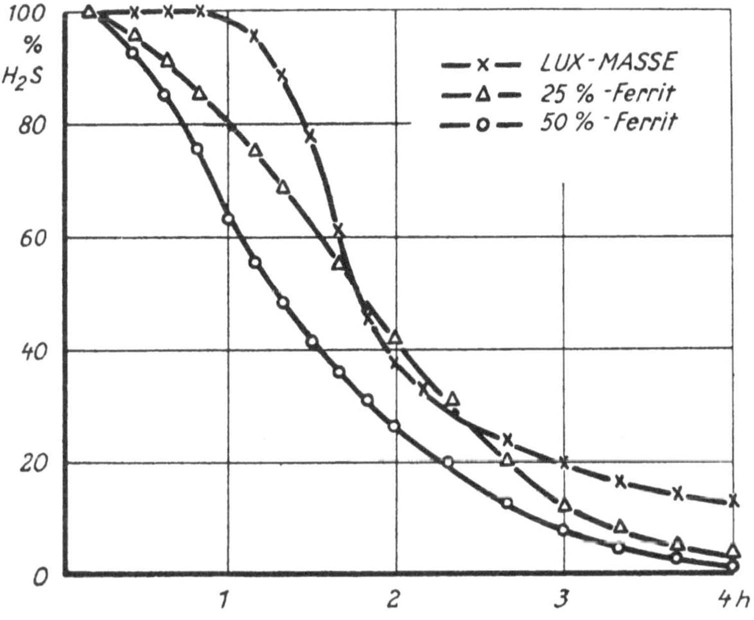

Abb. 1. Beschwefelungskurven von Ferriten im Vergleich zur Lux-Masse

Einige dieser Absorptionskurven sind in der Abbildung 1 dargestellt. Der Vergleich der Absorptionskurven des 25%-Ferrits (als Ferrite sollen im folgenden die Hydrolysenprodukte der Mischkristalle bezeichnet werden!) und der Lux-Masse zeigen eine weitgehende Ähnlichkeit der beiden Kurven. Diese Kurven können als ein Beweis dafür angesehen werden, daß die hohe Wirksamkeit der Lux-Masse zum überwiegenden Teil auf die Aktivierung infolge der eingetretenen „Skelettbildung" zurückzuführen ist. Die Ähnlichkeit dieser beiden

Kurven war nach unseren theoretischen Vorstellungen ja auch zu erwarten, da im roten Bauxit annähernd das gleiche Molverhältnis wie beim 25%-Ferrit, nämlich 3 : 1 Al_2O_3 zu Fe_2O_3, vorliegt.

Aus den Absorptionskurven der Ferrite geht weiter hervor, daß die Aktivierung der „Skelettkontakte“ dann einsetzt, wenn der Anteil der Zusatzkomponente, d. h. der Aluminiumgehalt, im Mischkristall das Molverhältnis 1 : 1 erreicht hat.

Genauso wie bei den Legierungskontakten steigt auch bei unseren oxydischen Kontakten die Aktivität bei weiterer Erhöhung des molaren Aluminat–Ferrit-Verhältnisses an. Aus den gefundenen Parallelen zwischen Legierungs- und oxydischen Skelettkontakten folgt, daß das Raney-Verfahren verallgemeinerungsfähig ist.

Die röntgenographischen Untersuchungen an der Lux-Masse und den Skelettkontakten zeigten, daß es sich um Produkte handelt, die sehr schlecht kristallisiert sind.[1]) Wir haben außerdem Untersuchungen mit der Differentialthermoanalyse sowohl an Lauta-Masse wie auch am 25%-Ferrit durchgeführt und an Hand der thermischen Effekte nachweisen können, daß der Aufbau der beiden Produkte praktisch der gleiche ist. Zur Vertiefung und Festigung der gewonnenen Ergebnisse erschien es günstig, die einzelnen Einflüsse an Hand von Modellsubstanzen näher zu verfolgen.

Wir verwendeten dazu definierte α- und γ-Hydroxyde, da an ihnen die röntgenographischen Untersuchungen eindeutigere Ergebnisse als bei den Ferriten liefern.

Geht man von der Voraussetzung aus, daß der aktive Zustand der Gasreinigungsmassen zumindest von dem strukturellen Aufbau mitbestimmt wird, so ist es naheliegend, die Verhältnisse in der kleinsten Struktureinheit, der Elementarzelle, näher zu charakterisieren. Für solche Untersuchungen ist die röntgenographische Bestimmung der Gitterkonstanten besonders geeignet. Aus den Meßreihen geht hervor, daß sich die Ausgangshydroxyde bei Temperaturbehandlungen ganz verschieden verhalten können. So ließ sich z. B. an γ-FeOOH-Reihen eine zunehmende Gitterschrumpfung mit steigender Tempertemperatur an Hand von Gitterkonstantenmessungen erkennen. Bei α-FeOOH-Reihen dagegen lagen die Verhältnisse genau umgekehrt. Hier wurden Gitterdehnungen gemessen.

---

[1]) Z. anorg. allg. Chem. 286 (1956), 1

Für dieses gegenläufige Verhalten der Gitterdimensionen kann als Ursache der jeweilige Umwandlungsweg vom Hydroxyd zum Oxyd von Einfluß sein. Bei sehr wasserreichen α-Hydroxyden dürfte bei kurzzeitigen Temperungen außerdem die Wasserabgabe eine Veränderung der Elementarzelle hervorrufen. Da es sich bei den Hydroxyden und Oxyden um rhombische bzw. hexagonale Gitter handelt,

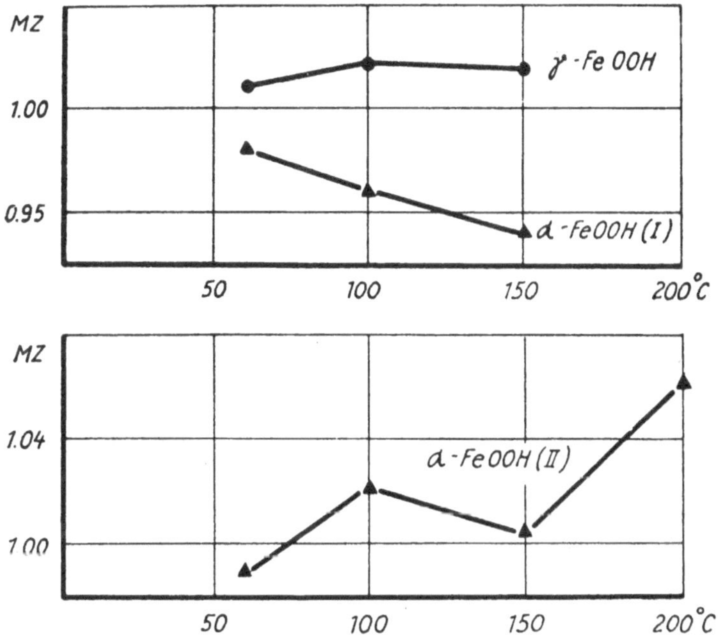

Abb. 2. MZ-Kurven der verschiedenen Hydroxyde und ihrer Temperprodukte

haben wir, um einen Mittelwert der Dehnung oder Schrumpfung zu erhalten, eine Maßzahl MZ eingeführt. Diese Maßzahl ergibt sich aus dem Verhältnis des gefundenen Volumens zum theoretischen. In Abbildung 2 sind die berechneten MZ-Werte der einzelnen Hydroxyde in Abhängigkeit von ihrer Tempertemperatur aufgetragen. Während beim γ-FeOOH eine Gitterschrumpfung festzustellen ist — ausgedrückt in einem Anstieg der MZ-Kurve — sieht man beim α-FeOOH ein entgegengesetztes Verhalten. Im unteren Teil der Abbildung ist zum Unterschied dazu der MZ-Verlauf eines sehr wasserreichen α-FeOOH wiedergegeben. Dabei müssen wir feststellen, daß bei kurzzeitigen Temperungen der Wasseraustritt offensichtlich ebenfalls einen Einfluß auf die Gitterbeschaffenheit ausübt. Wir erhalten zunächst eine Gitterschrumpfung bei ~ 100° C, sicher bedingt durch Wasseraustritt. Es erfolgt dann wahrscheinlich eine gewisse Rekristallisation, der sich eine erneute Schrumpfung, infolge beginnender Verolung und Wasserabspaltung aus dem FeOOH, anschließt.

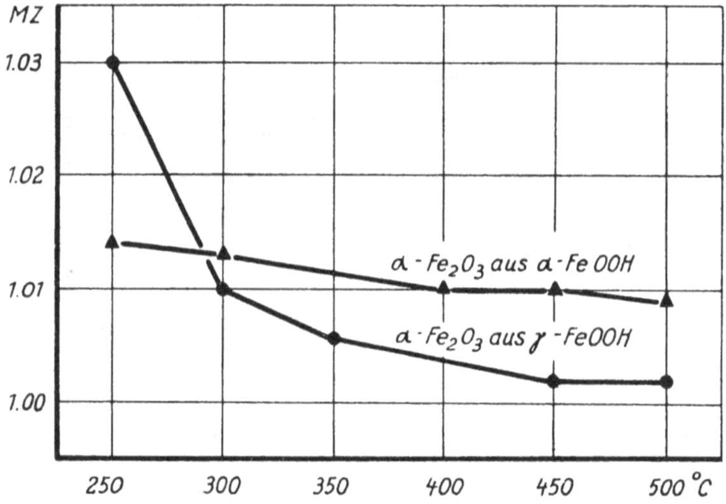

Abb. 3. MZ-Kurven von Oxyden, hergestellt durch Temperung der entsprechenden Hydroxyde

Die MZ-Kurven der Oxyde (Abb. 3) stehen ebenfalls in guter Übereinstimmung zu unserer Ansicht über den Einfluß des Umwandlungsweges. Infolge der Zwischenstufe des γ-Fe_2O_3 mit seiner kleineren Gitterkonstanten müßten wir beim α-Fe_2O_3 aus γ-FeOOH eine große Veränderung der Gitterkonstanten messen, während das beim α-Fe_2O_3 aus α-FeOOH nicht der Fall sein dürfte. Der Kurvenverlauf bestätigt das auch völlig. Diesen strukturellen Größen sollen nun die Umsatzwerte der entsprechenden Präparate (Abb. 4) gegenübergestellt werden.

Beide Hydroxydarten unterscheiden sich, wie man sieht, hinsichtlich ihrer Umsätze nicht nur in der Menge sondern auch im Kurvenverlauf.

Während der Umsatz beim γ-FeOOH in Abhängigkeit von der Tempertemperatur regelmäßig verläuft, tritt beim wasserreichen

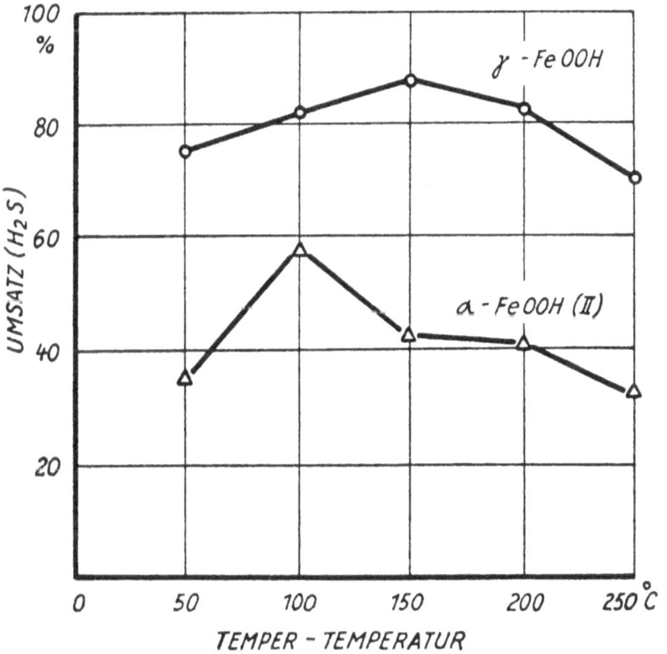

Abb. 4. Umsatzkurven für α- und γ-FeOOH

α-FeOOH deutlich ein Umsatzmaximum bei 100° C hervor. Ganz ähnliche Verhältnisse ergeben die Aktivitätsmessungen, von denen als Beispiel einige α-FeOOH-Präparate mit unterschiedlichen Wassergehalten herausgegriffen wurden (Abb. 5). Die obere gestrichelte Kurve (II) stellt das wasserreiche Hydroxyd dar, während sich die unteren beiden Kurven dadurch unterscheiden, daß die getemperten Präparate nach der Wiederbewässerung zu verschiedenen Zeiten gemessen wurden.

Die Aktivitätsbestimmungen für die Kurve I erfolgten unmittelbar nach der Wiederbewässerung, die der Kurve Ia nach einigen Wochen Lagerzeit in verschlossenen Gefäßen, ohne daß Luft oder Feuchtigkeit von außen hinzutreten konnte. Die Kurven deuten darauf hin, daß nicht nur eine bestimmte Menge Wasser auf das Verhalten der Sub-

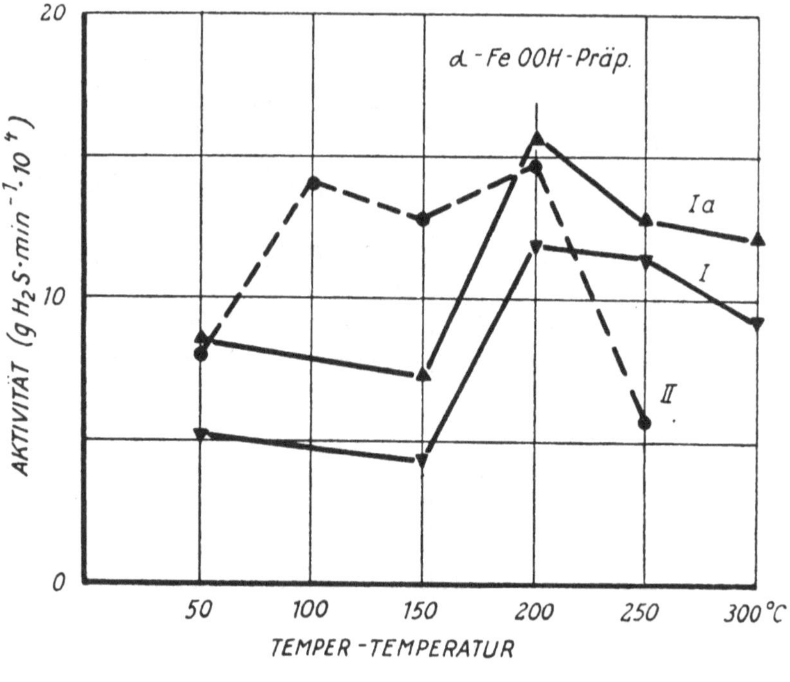

Abb. 5. Umsatzkurven für α-FeOOH mit verschiedenem Wassergehalt

stanzen gegenüber H_2S von Einfluß ist, sondern daß es evtl. auch an besonders günstigen Stellen sitzen muß. Auffallend für alle MZ-Kurven ist jedoch, daß ihr Verlauf weitgehendst der Reaktionsfähigkeit der Massen gegenüber H_2S entspricht. Diese Befunde sind eine Bestätigung unserer Ansicht, daß das Problem der trockenen Gasreinigung nicht nur vom katalytischen Standpunkt aus betrachtet werden darf, sondern auch als chemische Reaktion behandelt werden muß.

Für die von uns ebenfalls gemessenen „Gitterstörungen" — bestimmt aus dem Intensitätsverhalten der Röntgeninterferenzen — trifft ein solcher Gleichlauf zum chemischen Verhalten nur sehr bedingt zu. Diese Werte lassen uns aber noch einen anderen interessanten Zusammenhang erkennen. Sie zeigen nämlich eine sehr gute Übereinstimmung hinsichtlich unserer Vorstellungen über den Einfluß

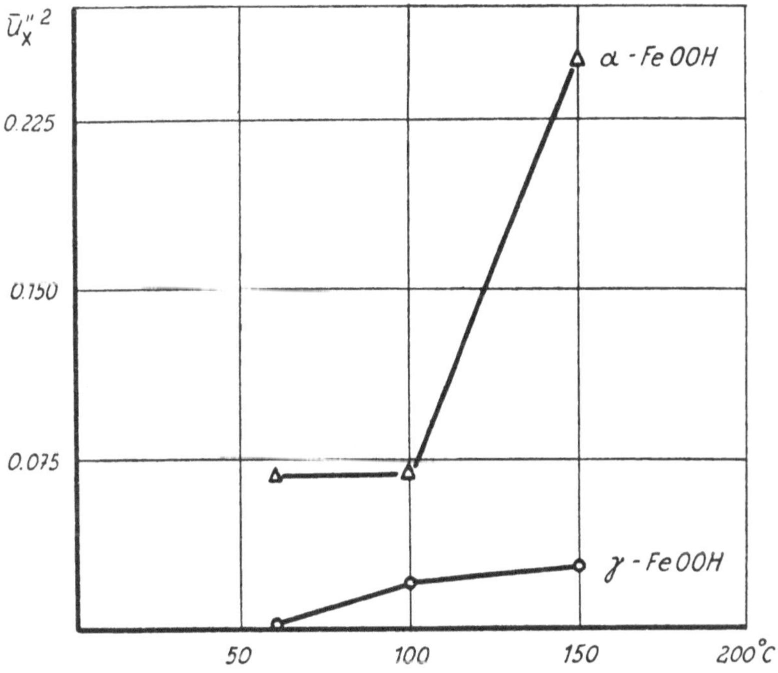

Abb. 6. „Gitterstörungen", gemessen an α- und γ-FeOOH-Präparaten

des Umwandlungsweges auf die Gitterveränderungen. Da wir uns diese Gitterstörungen gewissermaßen als eingefrorene Wärmeschwingungen vorstellen können, so ist zu erwarten, daß sowohl große Gitterschrumpfungen wie auch -dehnungen hohe Gitterstörungswerte zur Folge haben müssen. Die Messungen zeigen, daß diese Annahme bestätigt wird. (Abb. 6.) Der flachere MZ-Verlauf beim γ-FeOOH (untere Kurve) bedingt kleinere Gitterstörungen, während die größeren MZ-Änderungen beim α-FeOOH (obere Kurve) zu ebenfalls größeren Änderungen führen. Bei den aus α-FeOOH entstandenen Oxyden muß demnach der Unterschied der Gitterstörungen in Abhängigkeit von der Temperung geringer sein. Daß das auch wirklich der Fall ist, zeigt Abbildung 7.

Neben diesen Strukturgrößen haben wir noch die Primärteilchen röntgenographisch gemessen. Aber auch hier läßt sich kein eindeutiger und direkter Zusammenhang mit den Absorptionsmessungen fest-

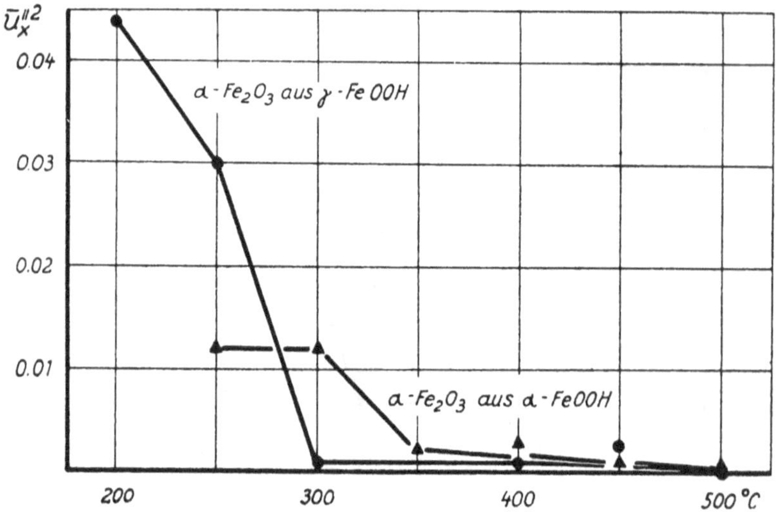

Abb. 7. „Gitterstörungen", gemessen an aus Hydroxyden hergestellten Oxyden

stellen. Daß sich die chemische Umsetzung zwischen Eisenhydroxyd und H_2S aber nun einfach so abspielt, daß der Sauerstoff des Gitters durch Schwefel direkt ersetzt wird, ist wenig wahrscheinlich. Dazu ist der Ionenradius des Sulfidions viel zu groß. Durch die Beobachtung, daß HS'-Ionen besser als H_2S-Gas reagieren, wird unsere Vorstellung, daß der Sauerstoff des Kontaktgitters sich mit HS'-Ionen umsetzt und Wasser bildet, besonders gestützt. Auch wird der beobachtete stark exotherme Vorgang der Beschwefelung durch die Wasserbildung verständlich. Mit der Wasserbildung muß aber gleichzeitig ein Zusammenbruch des ursprünglichen Eisengitters erfolgen. Das unterschiedliche Verhalten der Produkte mit gleichem Kristallgitter müßte nun nach dieser Anschauung von den räumlichen und energetischen Verhältnissen im Gitter und damit auch von der Elementarzelle abhängen. Über diese Zusammenhänge gibt uns aber, wie bereits erwähnt, die Maßzahl MZ die nötigen Aufschlüsse. Tritt bei den Temperungen eine meßbare Gitterdehnung bei den untersuchten Präparaten auf, so ist damit eine geringere Aktivität verbunden. Bei Gitterschrumpfungen dagegen beobachtet man eine Erhöhung der Reaktionsfähigkeit der Massen gegenüber H_2S. Wir erklären uns den Einfluß der Veränderung der Gitterkonstanten auf die Bindungsverhältnisse in der Elementarzelle wie folgt: Mit einer Gitteraufweitung wird zweifellos ein Auseinanderrücken der Eisenoxyd- bzw. Hydroxydmolekeln einhergehen. Damit könnte ohne weiteres eine Verfestigung der Bindungen innerhalb der Einzelmolekel eintreten, da die gegenseitige Beeinflussung zwischen den Molekülen geringer wird. Eine geringere Reaktionsfähigkeit ist die Folge davon. Die Vermutung, daß eine Abstandsänderung zwischen den Gittermolekeln stattfindet, gewinnt auch dadurch an Wahrscheinlichkeit, da die Veränderungen der Gitterkonstanten in den einzelnen Achsenrichtungen recht unterschiedlich sind. Tritt jetzt aber eine Gitterschrumpfung ein, und zwar derart, daß sich die Gittermolekeln einander nähern, so wird eine verstärkte gegenseitige Behinderung und damit eine Schwächung der Eisen-Sauerstoffbindung möglich sein. Durch diese Schwächung der Eisen-Sauerstoffbindung wird die Wasserbildung erleichtert, so daß die Aktivität steigt. Diese Veränderungen werden bei den in Schichtengittern kristallisierenden Hydroxyden im Vergleich zu den Oxyden eine weitaus stärkere Beeinflussung der Aktivität hervorrufen. Aber auch hinsichtlich des unterschiedlichen Entschwefelungsverhaltens von α- und γ-FeOOH lassen sich Rückschlüsse ziehen. Auf Grund der größeren inneren Energie und der bereits im Normalgitter vorhandenen kleineren Sauerstoffabstände des γ-FeOOH könnte hier schon eine größere gegenseitige Beeinflussung im Vergleich zum α-FeOOH vorliegen.

Damit wird die höhere Aktivität des γ-FeOOH gegenüber dem α-Hydroxyd verständlich. Unsere Untersuchungen schließen aber nicht aus, daß die Möglichkeit einer Aktivitätserhöhung auch dann besteht, wenn die Dehnung genügend große Werte erreicht. Es wäre ohne weiteres vorstellbar, daß die Reaktion erleichtert wird, wenn die

Dehnung auf die Fe–O-Abstände einwirkt. Die anderen röntgenographisch bestimmten Größen zeigen keinen so eindeutigen Zusammenhang mit der Aktivität wie die Veränderungen der Elementarzelldimensionen. Gitterstörungen sind in ihrer Wirkung wahrscheinlich ein verstärkender Faktor. Die Primärteilchengröße dagegen dürfte sich hauptsächlich auf die Absorptionskapazität auswirken.

Welche Rückschlüsse lassen sich nun an Hand der gefundenen Zusammenhänge bei den Modellsubstanzen bezüglich der Skelettkontakte und der Lux-Masse ziehen? Bei den Skeletten und der Lux-Masse kann man auf Grund der diffusen Interferenzen aus den Debyeogrammen Gitterschrumpfungen nicht eindeutig feststellen. Entsprechende Untersuchungen an Temper- und Alterungsprodukten deuten jedoch darauf hin, daß auch schon in den nicht gealterten Skeletten Schrumpfungen vorlagen. Außerdem zeigen die Analysenwerte der Lux-Masse und der Skelette, daß bei der Hydrolyse der Mischkristalle nicht alles Aluminium als Aluminat in Lösung geht. Es liegt nun die Vermutung nahe, daß auf Grund des kleineren Ionenradius des $Al^{\cdots}$-Ions (0,57 Å) gegenüber dem $Fe^{\cdots}$ (mit 0,67 Å) alle Voraussetzungen für Gitterschrumpfungen und damit auch für hohe Aktivitäten gegeben sind. Vergleicht man den Al-Gehalt der Hydrolysenprodukte mit der Sorptionsfähigkeit, so läßt sich ein deutlicher Zusammenhang zwischen diesen beiden Größen feststellen. Mit stiegendem Al-Gehalt nimmt auch die Reaktionsfähigkeit zu. Aber nicht nur der Einbau von Aluminium kann zur Aktivierung beitragen, sondern allein die Tatsache, daß es sich um Gitterbruchstücke von höchstens 20 Å handelt, wird eine erhöhte Wirksamkeit gegenüber H_2S bedingen. Man sieht das am Verhalten der Lux-Masse. Diese Erklärung der Aktivitäten der Lux-Masse und der Skelette, die wir auf Grund unserer Untersuchungen an den Modellsubstanzen gegeben hatten, ließen sich durch weitere Strukturuntersuchungen beweisen. Wir haben zu diesem Zwecke einmal das Alterungs- und Kristallisationsverhalten von α-FeOOH in Gegenwart von $Al^{\cdots}$-Ionen untersucht. Dabei konnten wir sowohl beim reinen α-FeOOH als auch bei Fällungen in Gegenwart von $Al^{\cdots}$-Ionen feststellen, daß die Kristallisation zum α-FeOOH vom p_H-Wert und von der Voralterungszeit abhängig ist. Bei Einhaltung entsprechender Bedingungen ist man in der Lage, kristallisierte α-FeOOH herzustellen, die bis etwa 9 Mol.-% $Al^{\cdots}$-Ionen aufweisen. Oberhalb dieser Grenze erhält man nur noch sehr schlecht kristallisierte, nahezu amorphe Produkte. Diese Tatsache erklärt sich aus dem Kristallisationsverhalten des α-FeOOH.

Die Messungen der Gitterkonstanten der Al-haltigen α-FeOOH zeigten eine deutliche Verkleinerung der Elementarzelle proportional zum Al-Gehalt.

In Abbildung 8 sind die Änderungen der Gitterkonstanten eines α-FeOOH-Präparates in Abhängigkeit vom Al-Gehalt für die drei Achsenrichtungen (Gitterkonstanten a, b, c des rhombischen α-FeOOH

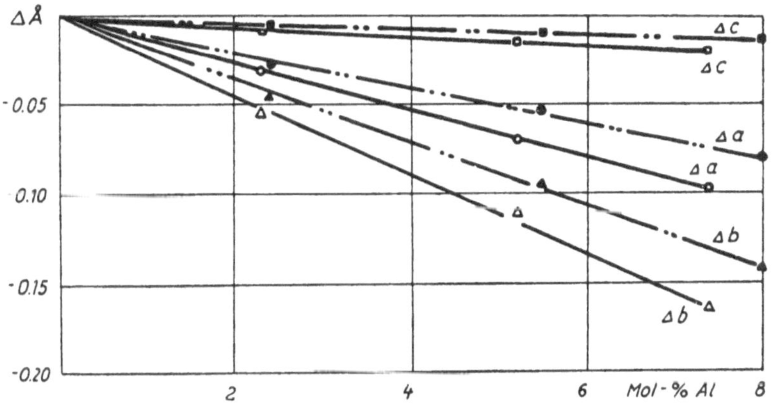

Abb. 8. Änderungen der Gitterkonstanten in Abhängigkeit zum Aluminiumgehalt

———— gealterte Präparate —— ·· —— ·· —— ungealterte Präparate

sowohl für gealterte als auch für ungealterte Produkte dargestellt. Dabei läßt sich zeigen, daß eine statistische Verteilung der Al^{+++}-Ionen in der Elementarzelle stattfinden muß. Auf Grund dieser Verteilung der Al^{+++}-Ionen in den einzelnen Flächenrichtungen ergibt sich eine deutliche Beeinflussung des Kristallisationsvermögens der Primärteilchen. Je mehr Al^{+++} im Gitter eingebaut wird, desto schwieriger wird die Ankristallisation weiterer α-FeOOH-Partikel. Man erkennt das am Verhalten der Teilchengrößen (Abb. 9).

Mit zunehmendem Einbau von Al in das Gitter des α-FeOOH ist eine Verkleinerung der Primärteilchengrößen in allen drei Achsenrichtungen verbunden. Während der Kurvenverlauf bei den unge-

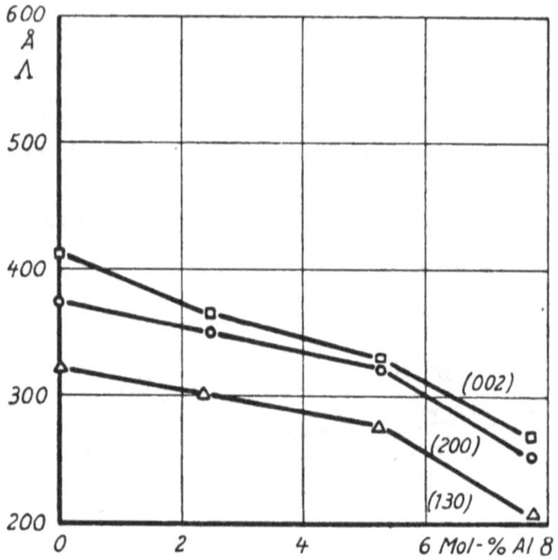

Abb. 9a. Teilchengrößen Reihe u

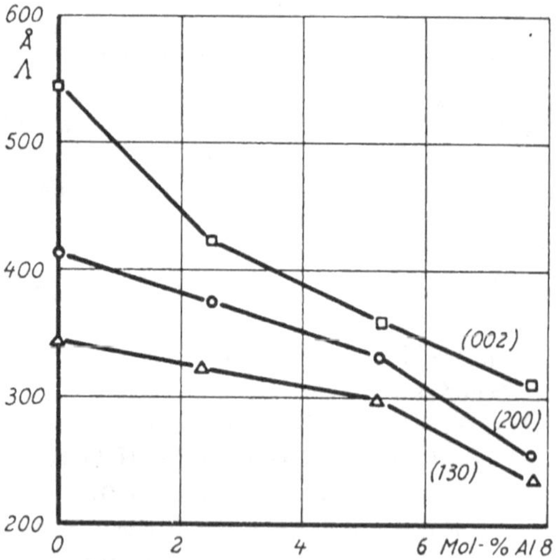

Abb. 9a. Teilchengrößen Reihe g

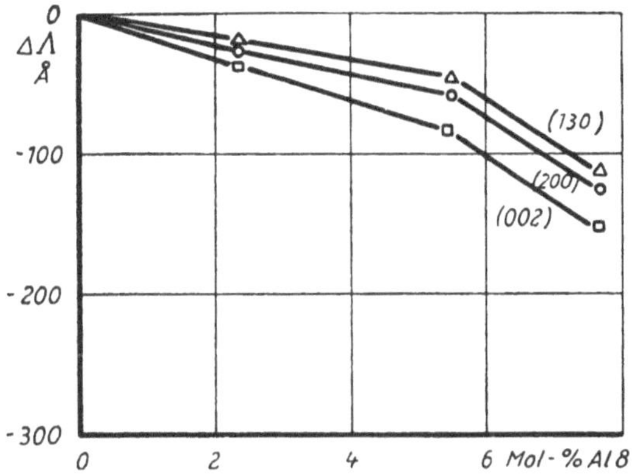

Abb. 9 b. Abnahme der Teilchengrößen im Vergleich zum reinen α-FeOOH
Reihe u

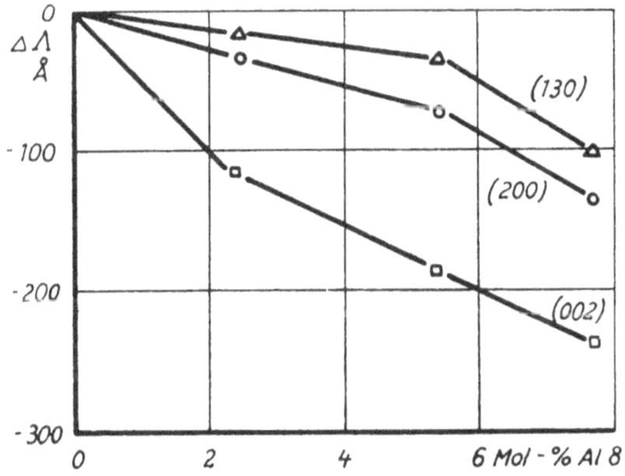

Abb. 9 b. Abnahme der Teilchengrößen im Vergleich zum reinen α-FeOOH
Reihe g

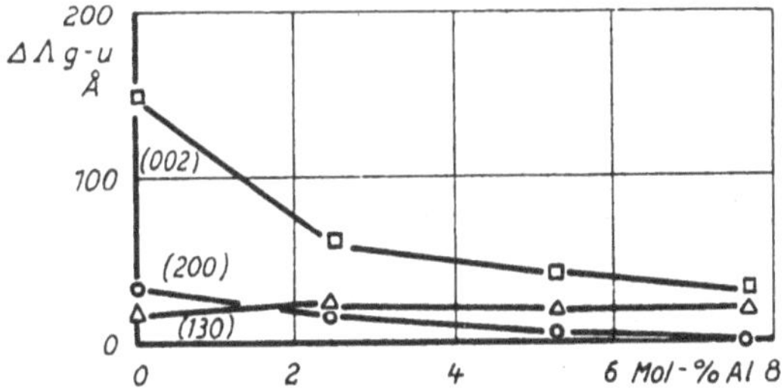

Abb. 9c. Teilchengrößenwachstum zwischen Voralterung und Alterung

alterten Produkten schon ein eindeutiges Absinken der Teilchendimensionen zeigt, wird dieser Effekt durch die Alterung noch besonders verstärkt und verdeutlicht. Erreicht man die 9%-Grenze, so lassen sich oberhalb dieses Wertes nur nahezu amorphe Produkte erhalten. Die Kristallisationsbehinderung ist jetzt so groß geworden, daß sich die Ordnungskräfte nur noch über geringe Abmessungen erstrecken können.[1])

Diese Erkenntnisse lassen sich ohne weiteres auf das Verhalten der Lux-Masse übertragen. Die Al^{+++}-Ionen behindern auch hier die Rekristallisation, so daß dadurch die Lux-Masse bei der Beschwefelung und Regeneration einer geringen thermischen Beeinflussung unterliegt.

Um nun das Bild über die Wirkungsweise von Entschwefelungsmassen noch etwas abzurunden, sollen einige weitere Versuchsergebnisse kurz angeführt werden, die den Einfluß des Wassergehaltes der Präparate auf die Reaktionsfähigkeit verdeutlichen. Schon bei der Betrachtung der Umsatz- und Aktivitätskurven war aufgefallen, daß Präparate der gleichen Struktur aber mit verschiedenen Wassergehalten unterschiedliche Sorptionsfähigkeit zeigen. Auch das Verhalten von γ-FeOOH-Präparaten bei mehrmaliger Beschwefelung wies uns auf den Einfluß des Wassergehaltes hin (Abb. 10). Die Kurven sind an ein und demselben Präparat aufgenommen. Der Unterschied lag lediglich darin, daß eine zweimalige Beschwefelung mit zwischengeschalteter Regeneration vorgenommen wurde. Dabei konnte festgestellt werden, daß die Substanzen bei der Regeneration einen merklichen Wasserverlust erlitten. Ein deutlicher Abfall des H_2S-Umsatzes war die Folge davon (unterste Kurve, 2. Sulfidierung).

Wir haben auf Grund dieser Ergebnisse nun aus einheitlichen Ausgangshydroxyden Temperprodukte hergestellt und deren Aktivität gegenüber Schwefelwasserstoff sofort gemessen. Gleichzeitig dazu setzten wir einen Teil derselben Präparate zur Wiederbewässerung einer gesättigten Wasserdampfatmosphäre aus. Bei unbewässerten Präparaten erkennt man eine deutliche Abhängigkeit des Umsatzes vom Wassergehalt. Zur besseren Veranschaulichung sind beide Größen (Wassergehalt und Umsatz) gesondert dargestellt (Abb. 11). Bei relativ niedrigen Wassergehalten (obere Kurve) bis zu $\sim 15\%$ Wasser

[1]) A. SIMON, M. LANG u. M. SEIDEL, Chemické Zvesti XIII (1959), 733.

haben wir einen nahezu parallelen Kurvenverlauf mit dem H_2S-Umsatz (untere Kurve). Ein Zusammenhang mit den MZ-Kurven läßt sich unter diesen Voraussetzungen nicht finden. Bewässern wir aber die Präparate in der beschriebenen Weise, so treten sofort andere Verhältnisse ein (Abb. 12). Die erst vorhandene Übereinstimmung zwischen Umsatz und Wassergehalt verschwindet oder ist nur noch

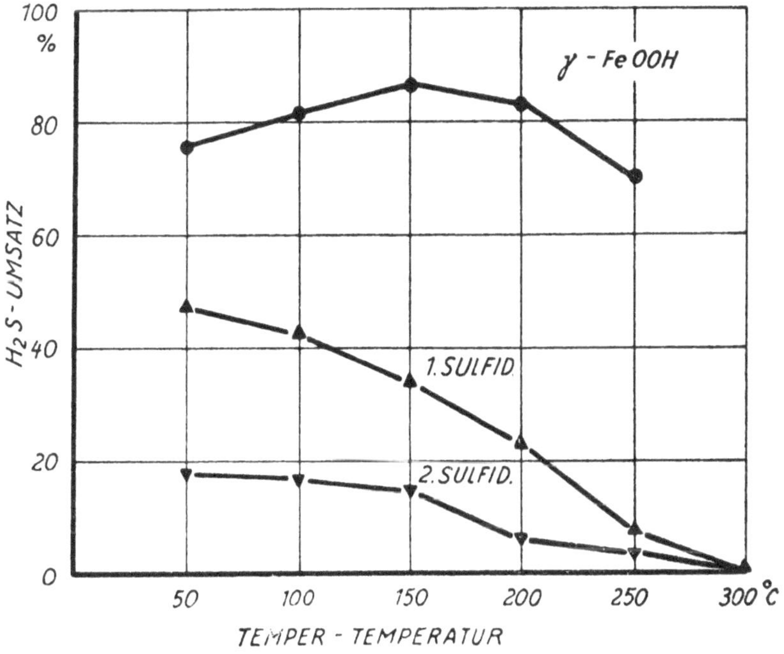

Abb. 10. Umsatzkurven bei mehrmaliger Beschwefelung

bei höheren Temperaturen festzustellen, obwohl es sich strukturell um die gleichen Produkte handelt. Unter diesen Voraussetzungen ergibt sich aber jetzt auch ein Gleichlauf zwischen der chemischen Wirksamkeit und dem Verhalten der Gitterkonstanten. Die Wichtigkeit des Wassergehaltes der Substanzen konnte also durch diese Versuche deutlich bewiesen werden. Weitere Messungen haben bezüglich der Oberfläche ergeben, daß sich eine große Oberflächenausbildung sicher günstig auf die Reaktionsfähigkeit auswirkt. Ein direkter Zusammenhang besteht jedoch nicht. Die berichteten Ergebnisse führen in bezug auf die Verwendbarkeit eisenhaltiger Entschwefelungsmassen zu folgender Anschauung:

Eine gute Sorptionsfähigkeit gegenüber Schwefelwasserstoff setzt das Vorhandensein von Gitterschrumpfungen, hohen Gitterstörungen

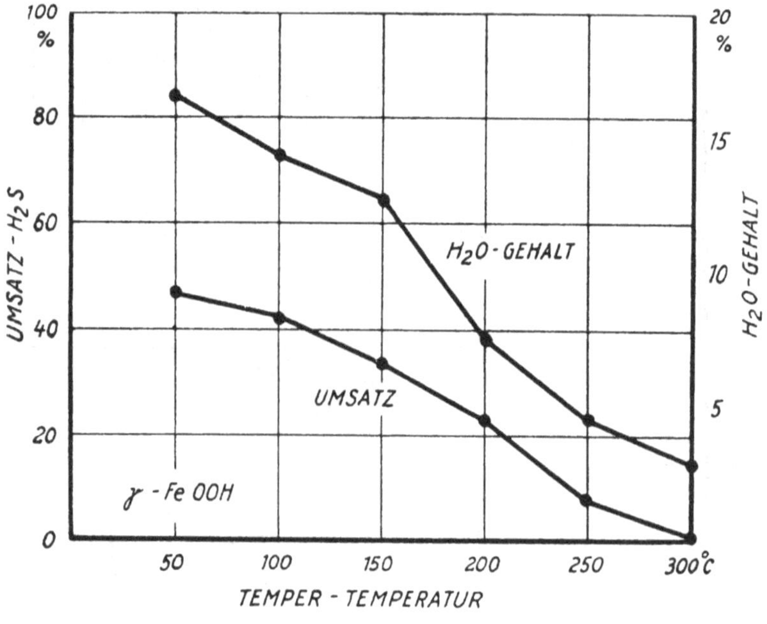

Abb. 11. Gegenüberstellung von Umsatz und Wassergehalt eines γ-FeOOH (wasserarmes Produkt)

und kleinen Primärpartikeln voraus. Diese strukturellen Eigenschaften können aber nur dann zur Wirkung kommen, wenn eine bestimmte Menge Wasser im Präparat vorhanden ist. Außerdem wird durch die Gegenwart von Alkali eine Verbesserung der Sorptionsverhältnisse herbeigeführt. Daneben wirkt sich eine große Oberfläche wahrscheinlich begünstigend auf die auftretenden Transportphänomene aus.

Zusammenfassend läßt sich also feststellen, daß die Reaktion von H_2S mit Eisenoxyden und Hydroxyden ein sehr komplexes Problem darstellt. Nur bei einem optimalen Zusammenspiel aller gefundenen (und evtl. noch unbekannten) Einflüsse lassen sich eindeutige Aussagen über die Wirksamkeit von Reinigungsmassen formulieren.

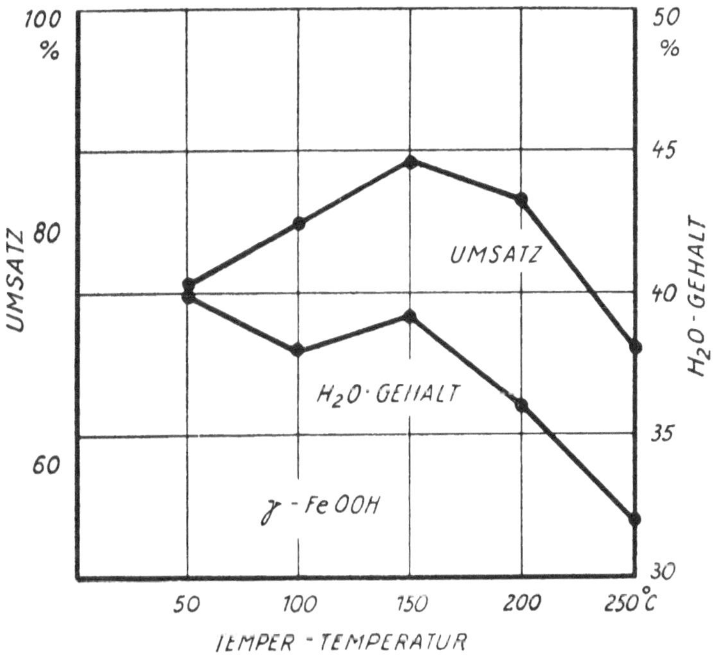

Abb. 12. Gegenüberstellung von Umsatz und Wassergehalt eines bewässerten γ-FeOOH

Fortsetzung von der 2. Umschlagseite

Heft 3 Prof. Dr. ERNST DIEPSCHLAG / Die Anwendbarkeit der Regelungstechnik in der Hüttenindustrie 38 Seiten — 12 Abbildungen — 8° — 1952 — DM 3,90

Heft 4 Prof. Dr. ALBERT FROMME / Die Bedeutung der Entwicklungsgeschichte, besonders des Mesenchyms für die Klinik 24 Seiten — 8° — 1952 — DM 1,75 *(vergriffen)*

Heft 5 Dr. ROBERT BÖKER / Die Entstehung der Sternsphäre Arats
68 Seiten — 4 Abbildungen — 2 Falttyfeln — 3 Ty —
68 Seiten — 4 Abbildungen — 2 Falttafeln — 3 Tabellen — 8° — 1952 — DM 5,60

Band 100

Heft 1 Prof. Dr. HEINRICH BRANDT / Über Stammfaktoren bei ternären quadratischen Formen 24 Seiten — 8° — 1952 — DM 2,25

Heft 2 Dr. PAUL GÜNTHER / Zur Gültigkeit des Huygens'schen Prinzips bei partiellen Differentialgleichungen vom normalen hyperbolischen Typus 43 Seiten — 8° — 1952 — DM 5,—

Heft 3 Dr. ALFRED MÜLLER / Die Schaubarkeit in der Axonometrie 22 Seiten — 3 Falttafeln — 8° — 1952 — DM 3,— *(vergriffen)*

Heft 4 Prof. Dr.-Ing. ENNO HEIDEBROEK / Die Beziehungen zwischen Härte, Schmierung und Verschleißfestigkeit Nachdruck — 40 Seiten — 10 Abbildungen — 8° — 1954 — DM 3,40

Heft 5 Prof. Dr. ROBERT SCHRÖDER / Frauenheilkunde in Forschung und Praxis 22 Seiten — 8° — 1952 — DM 1,35

Heft 6 Dr. ROLF REISSIG / Die pandiagonalen Quadrate vierter Ordnung 54 Seiten — 8° — 1952 — DM 5,—

Heft 7 Prof. Dr. MAX RODITZSCH † / Die Erforschung der Atmosphäre, ihre Methodik und ihre Probleme 30 Seiten — 12 Abbildungen — 4 Kunstdrucktafeln — 8° — 1953 — DM 2,50

Band 101

Heft 1 Prof. Dr. KURT SCHWABE / Periodische Erscheinungen bei der anodischen Auflösung des Zinks 33 Seiten — 14 Abbildungen — 8° — 1954 — DM 3,—

Heft 2 Dr. UDO PRIL / Positive Lösungen einer nichtlinearen Integralgleichung 44 Seiten — 2 Abbildungen — 8° — 1953 — DM 4,—

Heft 3 Dr. JOACHIM FOCKE / Asymptotische Entwicklungen mittels der Methode der stationären Phase 2. unveränderte Auflage — 48 Seiten — 8° — 1957 — DM 4,80 *(vergriffen)*

Heft 4 Prof. Dr. HANS SALIÉ / Zur Verteilung natürlicher Zahlen auf elementfremde Klassen 26 Seiten — 8° — 1954 — DM 2,50 *(vergriffen)*

Heft 5 Prof. Dr.-Ing. ENNO HEIDEBROEK / Die Verantwortlichkeit des Ingenieurs 22 Seiten — 8° — 1954 — DM 1,— *(vergriffen)*

Heft 6 Prof. Dr. HANS SCHUBERT / Dr. ERICH SCHINCKE / Zur Ermittlung von Unterschallströmungen mit der Transformationsmethode bei quadratischer Approximation der Adiabate 32 Seiten — 6 Abbildungen — 2 Tabellen — 8° — 1955 — DM 2,30

Heft 7 Dr. HELMUT SCHAEFER / Neue Existenzsätze in der Theorie nichtlinearer Integralgleichungen 40 Seiten — 8° — 1955 — DM 2,40

Band 102

Heft 1 Dr. PAUL GÜNTHER / Über einige spezielle Probleme aus der Theorie der linearen partiellen Differentialgleichungen zweiter Ordnung 50 Seiten — 8° — 1957 — DM 4,60 *(vergriffen)*

Heft 2 Prof. Dr. HANS SCHUBERT / Dr. ERICH SCHINCKE / Zum Konturproblem der Hodographenmethode im Unterschall 25 Seiten — 8° — 1957 — DM 2,20

Heft 3 Prof. Dr. FRANZ RUNGE / Über die Polymerisation ungesättigter organischer Verbindungen 13 Seiten — 1 Tabelle — 8° — 1957 — DM 1,—

Heft 4 Dr. VICTOR VÂLCOVICI / Une extension des liaisons non holonomes et des principes variationnels 39 Seiten — 8° — 1958 — DM 2,40

Heft 5 Dr. ROLF KLÖTZLER / Beiträge zur Theorie mehrdimensionaler Variationsprobleme mit geknickten Extremalen 72 Seiten — 8° — 1958 — DM 4,30

Heft 6 Prof. Dr. PAULA HERTWIG / Strahlenschäden und Strahlenschutz im zellulären Bereich. 43 Seiten — 14 Abbildungen — 6 Tabellen — 4 Tafeln — 8° — 1957 — DM 2,—

Heft 7 Prof. Dr. WILHELM TREIBS / Entwicklungslinien der organischen Chemie 25 Seiten — 8° — 1957 — DM 1,40

Band 103

Heft 1 Prof. Dr. GEORG SPACKELER / Über die Möglichkeit einer Lieferung von Magnesiumsulfat als Düngemittel seitens des Kalibergbaus der Deutschen Demokratischen Republik
Prof. Dr. ANTON ARLAND / Magnesium im Landbau
38 Seiten — 1 Abbildung — 2 Landkarten — 8° — 1958 — DM 1,90

Heft 2 Prof. Dr. HEINRICH BREDT / Über den Tod. Eine naturwissenschaftliche Betrachtung 26 Seiten — 8° — 1958 — DM 1,10 *(vergriffen)*

Heft 3 Dr. HANS WUSSING / Über Einbettungen endlicher Gruppen 38 Seiten — 8° — 1958 — DM 2,50

Heft 4 Prof. Dr. ERNST NEEF / Über die Veränderlichkeit unserer geographischen Umwelt 19 Seiten — 8° — 1959 — DM 1,20

Heft 5 Prof. Dr. WOLFGANG LANGENBECK / Zur Biochemie der Spurenmetalle. Mit Diskussionsbeiträgen 16 Seiten — 4 Tabellen — 8° — 1959 — DM 1,—

Heft 6 Prof. Dr. HANS SCHUBERT / Dr. ERICH SCHINCKE / Die Berechnung einer zirkulationslosen Unterschallströmung um den Kreiszylinder mit der Hodographenmethode 42 Seiten — 12 Abbildungen — 4 Tabellen — 8° — 1959 — DM 4,20

Heft 7 Prof. Dr. PAULA HERTWIG / Anpassung, Vererbung und Evolution 35 Seiten — 14 Abbildungen — 8° — 1959 — DM 3,20

Band 104

Heft 1 Prof. Dr. KARL SCHMALFUSS / Über das Ausmaß der biologischen Bindung des elementaren Stickstoffs. Der Einfluß assimilierbarer Stickstoffverbindungen 19 Seiten — 2 Abbildungen — 6 Tabellen — 8° — 1960 — DM 1,35

Heft 2 Prof. Dr. ANTON LISSNER / Charakteristische Eigenschaften der Braunkohlen 20 Seiten — 10 Abbildungen — 3 Tabellen — 8° — 1960 — DM 2,—

Heft 3 Prof. Dr. FRITZ STATHER / Zur Charakteristik pflanzlicher und synthetischer Gerbstoffe und deren kombinierte Verwendung bei der Gerbung 19 Seiten — 8° — 1960 — DM 1,10

Heft 4 Prof. Dr. HEINRICH PRELL / Bemerkungen zur Geschichte der englischen Längenmaßsysteme In Vorbereitung

Heft 5 Prof. Dr. OTT'HEINRICH KELLER / Zur Berechnung des Galoisschen Körpers und der Galoisschen Gruppe einer Gleichung in erträglich vielen Schritten 23 Seiten — 8° — 1961 — DM 2,—

Heft 6 Dr. ROLF KLÖTZLER / Die Konstruktion geodätischer Felder im Großen in der Variationsrechnung mehrfacher Integrale 84 Seiten — 1 Abbildung — 8° — 1961 — DM 7,—

Heft 7 Vorliegendes Heft

Bestellungen durch eine Buchhandlung erbeten

Vor 1945 erschienene Berichte antiquarisch durch den Akademie-Verlag, Berlin zum Teil noch lieferbar

AKADEMIE-VERLAG · BERLIN

FSC
www.fsc.org
MIX
Papier | Fördert
gute Waldnutzung
FSC® C083411

Kolibri 360 GmbH
Ferdinand-Jühlke-Straße 7
99095 Erfurt, Deutschland
produktsicherheit@kolibri360.de